FORSCHUNGSBERICHTE DES LANDES NORDRHEIN-WESTFALEN

Nr. 3173 / Fachgruppe Physik/Chemie/Biologie

Herausgegeben vom Minister für Wissenschaft und Forschung

Dr. Manfred Horter

unter Mitwirkung von
Werner Gessner-Krone · Ingeborg Horter
Dipl.-Biol. Sabine Jämmrich · Ansgar Vössing
Zoologisches Institut
der Universität Münster

Soziale Lern- und Anwendungssituationen

Westdeutscher Verlag 1984

ISBN 978-3-531-03173-6   ISBN 978-3-322-87543-3 (eBook)
DOI 10.1007/978-3-322-87543-3

CIP-Kurztitelaufnahme der Deutschen Bibliothek

Horter, Manfred:
Soziale Lern- und Anwendungssituationen /
Manfred Horter. Unter Mitw. von Werner Gessner-
Krone ... - Opladen : Westdeutscher Verlag,
1984.
  (Forschungsberichte des Landes Nordrhein-
  Westfalen ; Nr. 3173 : Fachgruppe Physik,
  Chemie, Biologie)

NE: Nordrhein-Westfalen: Forschungsberichte
des Landes ...

INHALT

1. Einleitung und Problemstellung

Um Fragen zu lösen, die sich mit Phänomenen des sozialen Lernens befassen, sind häufig "Testkammern" oder "Lernboxen" (Skinnerboxen) eingesetzt worden (z.B. CHURCH 1961; CORSON 1967; POWELL 1968; POWELL ET AL. 1968; LESCRENIER und WIJFFELS 1969; JACOBY und DAWSON 1969; ZENTALL und LEVINE 1972; WILL ET AL. 1974). Solche Apparaturen wurden auch eingesetzt, um Rollenverteilungen zu ermitteln, die sich während der Begegnungen von Sozialpartnern beim Erlernen oder Anwenden spezifischer Fähigkeiten entwickeln (vgl. MOWRER 1940; BARON und LITTMAN 1961; LITTMAN ET AL. 1955; OLDFIELD-BOX 1969; GILBERT UND BEATON 1967; MASUR 1978).

Aus den Ergebnissen früherer in Testkammern durchgeführter Untersuchungen (HORTER 1980) ging hervor, daß es die eingebrachten Fähigkeiten waren, die weitgehend die sozialen Verhaltensweisen der Ratten während der Begegnung in der Versuchssituation vorbestimmten. Gearbeitet wurde dabei mit Hungerund Durstmotivation und als Fähigkeiten waren einfache Operationen durchzuführen, wie den rechten Hebel zu drücken, um Wasser zu erhalten und den Zentralhebel zu betätigen, um Futterpillen zu bekommen. Ziel der jetzt vorgelegten Untersuchungen war es, den Einfluß von Strafreizen auf die Rollenverteilung beim Futtererwerb in einer Testkammer zu prüfen. Der Strafreiz (Elektroschock) ließ sich durch Drücken eines Hebels verhindern (Ausgangssituationen I, II und III, s. 2.3. Versuche) oder konnte durch Besteigen einer Plattform vermieden werden (Ausgangssituationen IV, V und VI, s. 2.3. Versuche). Den Strafreiz durch Drücken eines Hebels zu verhindern, ist als relativ schwere Aufgabe anzusehen. Das Besteigen einer Plattform zur Schockvermeidung ist dagegen vergleichsweise einfach und zudem noch nach ANGERMEIER ET AL. (1959) für die Vtt die adäquatere Reaktion, um einen Strafreiz zu vermeiden. Im einzelnen sollten folgende Fragen beantwortet werden:

1. Besteht eine Abhängigkeit zwischen eingebrachter Fähigkeit und der beobachtbaren Rollenverteilung während einer Begegnung in einer Testkammer?
2. Bestehen Beziehungen zwischen der eingebrachten Fähigkeit und dem Dominanzverhalten der Vtt?

3. Übernimmt ein Partner bei den Begegnungen in der Testkammer
   die Fähigkeit, die vom anderen Partner eingebracht wird?
4. Läßt die Analyse des Lernverlaufs Rückschlüsse auf die
   Rollenverteilung zu?

2. Material und Methode

2.1. Versuchstiere und Versuchsapparatur

Als Versuchstiere dienten männliche BDE-Ratten mit einem Alter
von 90 d. Mit Beginn des Einzeltrainings (s.u.) wurden die Vtt
allein in einem Käfig gehalten. Das Durchschnittsalter betrug zu
diesem Zeitpunkt 90 d. Im Haltungsraum war ein Licht-Dunkel-
Wechsel von 12 : 12 h vorgegeben.
Die Versuche wurden in Testkammern durchgeführt. Den Kammerbo-
den bildeten Metallstäbe, durch die ein Strafreiz (Elektroschock; Ausgangsleistung 0,5 mA) weitergeleitet werden konnte.
An einer der beiden Seitenwände war in den Versuchssituationen,
in denen der Elektroschock durch Hebeldruck verhindert werden
konnte (Ausgangssituationen I, II und III, s.u.), ein Opera-
tionshebel montiert. An der selben Seite befand sich auch der
Futternapf. In die Mitte der Kammer ragte von oben her ein wei-
terer Hebel (Zentralhebel), mit dem sich die Ratten Futter beschaffen konnten (pro Auslenkung des Hebels aus der Ruhelage
eine Futterpille). In den Versuchssituationen,in denen die Ratten dem Elektroschock durch Besteigen einer Plattform entgehen
konnten (Ausgangssituationen IV, V, VI, s.u.), war der Opera-
tionshebel, der der aktiven Schockvermeidung diente, entfernt.
In der Mitte der Kammer wurde auf dem Gitterrost direkt unter
dem Zentralhebel eine Registrierplattform (Material: Plexiglas,
Größe: 7 cm x 10 cm) angeschraubt. Bestieg ein Vt diese Plattform, so wurde ein Impuls zu einer Zähleinheit weitergeleitet.
In der Kammer leuchtete während der Versuche das serienmäßig
eingebaute Hauslicht; der Raum, in dem die Versuche stattfanden, war unbeleuchtet.

2.2. Versuchsdurchführung

Die Versuche wurden nach folgendem Schema durchgeführt: 1. Einzeltraining, 2. gemeinsame Haltung der Vtt, 3. Dominanztest in

der Apparatur, 4. Beobachtung der Begegnungen der Vtt in der
Testkammer, 5. Einzelprüfung.

1. Einzeltraining: Die Vtt, die die Fähigkeit, sich Futter zu
   beschaffen in die Begegnung einbrachten, erlernten im Selbst-
   training (auto shaping), den Zentralhebel zu bedienen. Die
   Aufgabe galt als"erlernt", wenn die Ratten an 3 aufeinanderfolgenden Trainingstagen den Zentralhebel mindestens 30mal
   bedienten und die Futterpillen verzehrten. Vor Beginn des
   Einzeltrainings wurde diesen Tieren für 2 d vollständig das
   Futter entzogen. Nach dem täglichen Training erhielten die
   Vtt während einer Zeitspanne von ca. 4 h Futter. Danach war
   den Tieren bis zum Lerntraining am nächsten d das Futter
   entzogen. Auf jeweils 5 Versuchstage folgten durchschnittlich 42 h mit Nahrung ad lib.. Wasser stand ständig zur Ver-
   fügung. Während des Einzeltrainings hatten die Vtt Futter
   und Wasser ad lib., die die Fähigkeit des aktiven Schockvermeidens in die Begegnung mit einem Partner einbrachten.
   Die Fähigkeit des Schockvermeidens war so definiert, daß
   das Vt den rechten Hebel innerhalb eines Zeitintervalls von
   20 sec wenigstens einmal bedienen mußte. Das Zeitintervall
   bestand aus einer Licht-an- und aus einer Licht-aus-Phase
   (beide 10 sec). Erfolgte bis zum Ende der Licht-aus-Phase
   kein Hebeldruck, erhielt das Vt, noch während das Licht er-
   loschen war, einen Elektroschock. Jedes Betätigen des rechten Hebels ließ das 20 sec dauernde Intervall neu beginnen
   und zögerte damit den Strafreiz hinaus. Die Fähigkeit den
   Elektroschock zu verhindern, galt beim Einzeltraining dann
   als"beherrscht", wenn an 3 aufeinanderfolgenden Trainingstagen die Vtt von den 180 möglichen Strafreizen während des
   einstündigen Trainings wenigstens 90 durch Betätigen des
   rechten Hebels verhinderten. Diese Fähigkeit wurde den Vtt
   schrittweise, mit Hilfen andressiert. Im ersten Trainings-
   abschnitt lernten die Tiere, daß dem Licht-aus-Signal ein
   Strafreiz folgt. In weiteren Sitzungen wurde den Vt schrittweise andressiert, den Hebel zu bedienen und damit den
   Schock zu verhindern. Die Vtt, die dem Schock durch Besteigen
   einer Plattform entgehen konnten, erhielten beim Einzeltraining keine Hilfe. Der Elektroschock wurde auch hier
   am Ende eines Zeitintervalls von 20 sec gegeben. Das Zeit-

intervall bestand aus einer Hell- und einer Dunkelphase von
jeweils 10 sec Dauer. Am Ende der Dunkelphase erfolgte der
Strafreiz. Futter wurde diesen Vtt genauso entzogen wie den
Tieren, die erlernen sollten, den Zentralhebel zu bedienen,
um sich Futter zu verschaffen. Damit die Vtt die Plattform
auch wieder verließen, nachdem sie sie zur Vermeidung des
Schocks bestiegen hatten, wurden während des Einzeltrainings
automatisch Futterpillen in den Futternapf gegeben. Die Fähigkeit galt als "erlernt", wenn das Vt während des Trainings-
zeitraumes von 60 min an 3 aufeinanderfolgenden Trainingstagen wenigstens 30mal die Plattform verließ und wieder bestieg. Hatten die Tiere beide Fähigkeiten in die Begegnung
mit dem Partner einzubringen (s.u.), so erlernten sie zunächst,
den Strafreiz zu vermeiden und dann, sich Futter mit dem Zentralhebel zu verschaffen.

2. Gemeinsame Haltung der Vtt: Beherrschten die Vtt die jewei-
ligen Fähigkeiten, erhielten sie einen gemeinsamen Käfig,
der beiden Partnern unbekannt war. Zu Paaren wurden solche
Tiere zusammengestellt, deren Gewicht vor Versuchsbeginn um
maximal 5 g differierte. Die Ratten, die während des Einzeltrainings unter Futterentzug lebten (s.o.), hatten durchschnittlich 90 % des Gewichtes der Vtt, die Futter ad lib.
erhielten. Noch vor der gemeinsamen Haltung wurde auch das
Gewicht der Tiere um durchschnittlich 10 % reduziert, die
zuvor Futter ad lib. erhalten hatten.

3. Dominanztest in der Apparatur: hierbei handelt es sich um
eine Futterkonkurrenzsituation, die in der Testkammer herbei-
geführt wurde, in der auch die Begegnungen mit dem Partner
stattfanden. Die Ergebnisse dieses Tests wurden zur Beschrei-
bung der Dominanzverhältnisse der Vtt in der Apparatur be-
nutzt. Eine detailliertere Darstellung dieses Verfahrens erfolgte bei HORTER 1980.

4. Beobachtung der Begegnungen der Vtt in der Testkammer: Dem
ersten Dominanztest folgten 5 Begegnungen der Vtt in der Apparatur von jeweils 60 min Dauer. Beiden Vtt wurde vorher Futter entzogen. Die erste Beobachtung entsprach der ersten Begegnung. Beobachtet wurden die Tiere direkt von dem jeweili-
gen Experimentator oder die Analyse erfolgte über die nach-
trägliche Auswertung von Videoaufzeichnungen.

5. Einzelprüfungen: Nach Abschluß jeder Serie von 5 Begegnungen,
jedoch nicht am gleichen Tag der letzten Begegnung, wurden

die Vtt einzeln in die Testkammer gesetzt. Unbeeinflußt
durch die Anwesenheit des Trainingspartners sollte hier am
Einzeltier geprüft werden, ob während der Begegnung der Partner zusätzliche Fähigkeiten erworben wurden und ob eingebrachte Fähigkeiten noch präsent waren. Die Einzelprüfungen
bestanden aus mehreren Teilen: Zunächst erhielten die Einzel-
tiere das vollständige Trainingsprogramm mit Schockvermeidung
und Futtererwerb. In den Programmen, in denen der Hebel bedient werden konnte, um den Strafreiz zu verhindern (Ausgangssituationen I, II, III, s.u.), folgten dann 2 weitere
Prüfungen, in denen Schockverhindern und Futtererwerb ge-
trennt voneinander untersucht wurden. In den Ausgangssituationen IV, V und VI (s.u.), in denen die Tiere dem Strafreiz
durch Besteigen einer Plattform entgehen konnten, wurde zu
dem vollständigen Programm zusätzlich nur geprüft, ob die Vtt
auch ohne Strafreiz den Zentralhebel bedienen, um Futter zu
erhalten.
Danach folgten 2 weitere Versuchsserien, die jeweils mit einer
Beobachtung der Vtt in der Testkammer begannen und mit den
Einzelprüfungen abschlossen.

2.3. Versuche

Für die Untersuchungen wurden 6 Situationen ausgewählt, die
sich dadurch unterschieden, daß die Vtt unterschiedliche Fähig-
keiten in der Testkammer anzuwenden hatten. In jeder Situation
wurden 10 Paare geprüft.
Ausgangssituation I: Vt A brachte bei den Begegnungen in der
Testkammer die Fähigkeit "Drücken des rechten Hebels, um den
Elektroschock zu verhindern" (Fähigkeit s) und Vt B die Fähig-
keit "Betätigen des Zentralhebels, um Futter zu erlangen"
(Fähigkeit f) ein.
Ausgangssituation II: Vt A beherrschte die Fähigkeiten s und f;
Vt B war dressurnaiv.
 Ausgangssituation III: Vt A und Vt B beherrschten beide die
Fähigkeiten s und f.
Ausgangssituation IV: Vt A hatte vor der ersten gemeinsamen
Anwendungssituation gelernt, einen Elektroschock zu vermeiden,
indem es eine Plattform bestieg (Fähigkeit pla). Vt B konnte
zum Zeitpunkt der Zusammenführung mit Vt A durch Betätigen des
Zentralhebels Futter beschaffen (Fähigkeit f). Die Plattform,

auf der 2 Vtt gleichzeitig nebeneinander sitzen konnten, stand
direkt unter dem Zentralhebel.
Ausgangssituation V: Vt A beherrschte die Fähigkeiten pla und
f; Vt B war dressurnaiv.
Ausgangssituation VI: Vt A und Vt B beherrschten beide die
Fähigkeiten pla und f.
Alleinlerner (Kontrolle): Um den Einfluß des Partners auf den
Lernerfolg während der Begegnung in der Testkammer zu prüfen,
wurden Kontrollen mit je 30 Vtt pro Gruppe durchgeführt. Die
in den verschiedenen Ausgangssituationen vom Partner eingebrachten Fähigkeiten, sollten jetzt von den Vtt allein und ohne Hilfen durch den Experimentator erworben werden. Folgende Kontrollgruppen wurden gebildet: 2 Gruppen zur Kontrolle der Ausgangssituation I. Dabei sollte entweder die Fähigkeit, den Strafreiz zu vermeiden (Fähigkeit s) oder die Fähigkeit, sich Futter zu verschaffen (Fähigkeit f) zusätzlich zu einer vorher
erlernten Fähigkeit erworben werden. Eine Gruppe zur Kontrolle
der Ausgangssituation II, in der die Vtt beide Fähigkeiten als
Alleinlerner trainieren sollten. 2 Gruppen in Anlehnung an die
Ausgangssituation IV ; hier hatten die Vtt entweder die Fähigkeit, sich Futter zu beschaffen (Fähigkeit f) oder die Plattform zu besteigen, um dem Elektroschock zu entgehen (Fähigkeit
pla) zusätzlich, ohne Anwesenheit eines Partners zu erlernen.
Weiterhin eine Gruppe als Vergleich zur Ausgangssituation V,
in der die Tiere die beiden Fähigkeiten pla und f als Alleinlerner trainieren sollten. Die Vtt lebten ebenfalls zu zweit
in einem Käfig und wurden, wie bei den Hauptversuchen, den
3 Dominanztests in der Apparatur unterzogen.

3. Ergebnisse

Für die Auswertung wurden die Ergebnisse der 3 Dominanztests
in der Apparatur, der   Beobachtungen und der Einzelprüfungen
herangezogen.
Die eingeführten Begriffe verstehen sich als Definitionen zur
Veranschaulichung und zur Zusammenfassung der beobachteten Fak-
ten. Im einzelnen wurden folgende Festlegungen getroffen:
"Arbeiter": Nur ein Vt betätigt den Hebel und nur der Partner
erhält dabei eine Belohnung oder auch das Vt, das den Hebel
betätigt, erhält einen Teil des Futters. "Einzelarbeiter":
Nur das Vt, das den Hebel betätigt, erhält die Belohnung.
"Mitarbeiter": Beide Vtt betätigen den Hebel und beide Vtt er-

halten dabei Futter. "Nutznießer": Das Vt erhält Futter (F),
ohne selbst den entsprechenden Hebel zu bedienen.
Nur dann, wenn das Vt während der Einzelprüfung wenigstens
90mal den Hebel bediente, um den Schock zu verhindern, wurde
seine Leistung bewertet. Bei der Fähigkeit, dem Schock durch
Besteigen der Plattform zu entgehen und bei der Futterbeschaf-
fung erfolgte die Wertung nur dann, wenn die Vtt diese Operationen wenigstens 30mal gezeigt hatten. Bei der Futterbeschaf-
fung wurde zusätzlich mit einer "beginnenden Fähigkeit" gearbeitet, die definitionsgemäß die Anzahl der Hebeldrücke er-
faßte, die größer als 10 aber kleiner als 30 war.
Statistisch wurden die Ergebnisse mit Hilfe der Varianzanalyse
überprüft.

3.1. Ausgangssituation I

Beim ersten Dominanztest in der Apparatur war keine Abhängigkeit zwischen beherrschter Fähigkeit und Dominanzstatus feststellbar. Beim letzten Dominanztest waren in 27 von 30 Paarun-
gen die Vtt, die die Fähigkeit einbrachten, den Elektroschock
zu verhindern, überlegen (Vtt A). Diese Tiere bedienten den
rechten Hebel, um den Strafreiz zu verhindern, auch während
des gemeinsamen Trainings mit dem Partner in der Testkammer.
Beim Futterbeschaffen zeigten sich, je nach Aktivität des Vt B
in der Versuchskammer, unterschiedliche Verhaltenstypen, so
daß diese Vtt sich passiv als "Nutznießer" aber auch als "Arbeiter" während der Begegnung verhielten. Zu "Nutznießern"
wurden sie dann, wenn Vt A im Laufe des Trainings ohne Hilfe
des Partners die Fähigkeit erworben hatte, den Zentralhebel
zu bedienen, um Futter zu beschaffen. Bis zu diesem Zeitpunkt
waren in solchen Fällen häufig keine Zentralhebeldruckraten
registrierbar. Alle Vtt, die die Fähigkeit mitbrachten, den
Elektroschock zu verhindern (Vt A), erwarben auch die Fähigkeit des Futterbeschaffens. Von den Vtt des Typs B konnte kein
Vt die Fähigkeit, den Elektroschock zu verhindern innerhalb
der vorgegebenen Trainingszeit erwerben. 21 Vtt dieser Gruppierung setzten in der Einzelprüfung ohne Schock noch ihre
ursprüngliche Fähigkeit (f) ein, unter Schockbedingungen waren es nur noch 6 Vtt (s. auch Tab. 1).

<u>Tab.1</u>:
Lernerfolg von Alleinlernern und Vtt, die während der Begegnung mit einem Partner lernten.

E 1, 2, 3 - 1., 2., 3. Einzelprüfung; bei den"Alleinlernern" sind die Lernergebnisse angeführt, die vom Zeitpunkt her denen der Einzelprüfung entsprechen. f - Fähigkeit,sich Futter zu beschaffen. (f) - "beginnende Fähigkeit", sich Futter zu beschaffen. pla - Fähigkeit, durch Besteigen der Plattform den Strafreiz zu vermeiden. s - Fähigkeit, den Strafreiz durch Betätigen des Hebels zu verhindern.
Die in der Spalte unter "Fähigkeiten" eingeschriebenen Zahlen, geben die Anzahl der Vtt an, die diese Fähigkeit zeigten. Die erste Zahl gibt dabei an, wieviele Vtt die entsprechende Fähigkeit während des vollständigen Programms bestehend aus Schockvermeidung und Futtererwerb beherrschten. Die zweite Zahl gibt an, wieviele Vtt die Fähigkeiten Schockvermeidung bzw. Futtererwerb beherrschten, wenn diese unabhängig voneinander geprüft wurden (siehe auch: "Einzelprüfungen" in Kap. 2.3. Versuche). Ausgangssituation I : Vt A hat die Fähigkeit f und Vt B die Fähigkeit s zu erwerben. Ausgangssituation II: Vt B hat die Fähigkeiten f und s zu erwerben. Ausgangssituation IV : Vt A hat die Fähigkeit f und Vt B die Fähigkeit pla zu erwerben. Ausgangssituation V: Vt B hat die Fähigkeiten f und pla zu erwerben.

	E	Ausgangssituation A (Schock-aus)						Ausgangssituation B (Schock-aus)		
		Vt A			Vt B			Vt B		
		S	(F̄)	F	S	(F̄)	F	S	(F̄)	F
Einzel-lerner	1	30/30	3/3	27/27			6/15		3/3	6/6
	2	30/30		30/30			9/18			12/12
	3	30/30		30/30	3/3		9/24			12/12
Soziale Anwendungssituation	1	30/30					-/15			
	2	30/30		30/30			3/18			3/6
	3	30/30		30/30			6/21		-/6	3/9

	E	Ausgangssituation D (Plattform)						Ausgangssituation E (Plattform)		
		Vt A			Vt B			Vt B		
		Pla	(F̄)	F	Pla	(F̄)	F	Pla	(F̄)	F
Einzel-lerner	1	30	3/3	24/24	21		21/30	15	9/9	12/12
	2	30		30/30	24		24/30	24		24/24
	3	30		30/30	24		24/30	24		24/24
Soziale Anwendungssituation	1	30		15/15	12		18/30	6		
	2	30		24/24	15		18/30	18		18/18
	3	30		30/30	18		21/30	18		18/21

3.2. Ausgangssituation II

Beim ersten Test zeigte sich keine Abhängigkeit zwischen eingebrachter Fähigkeit und Dominanzstatus in der Apparatur. Beim letzten Test waren 27 Vtt, die die Fähigkeiten s und f einbrachten, gegenüber den ursprünglich dressurnaiven Vtt überlegen; bei einer Gruppierung konnten keine eindeutigen Unterschiede festgestellt werden. Die Vtt, die beide Fähigkeiten einbrachten (Vt A), verhielten sich während der Begegnungen mit dem Partner als "Einzelarbeiter" und als "Arbeiter", 3 Vtt waren "Nutznießer". Auch Vtt, die keine Fähigkeiten einbrachten (Vtt B), waren "Nutznießer" und 3 Vtt waren Arbeiter. Alle Vtt A behielten die eingebrachten Fähigkeiten bei; der Lernerfolg der Vtt B war relativ gering. Den Schock zu verhindern lernten diese Tiere nicht.

3.3. Ausgangssituation III

Der rechte Hebel zum Verhindern des Schocks wurde i.allg. nur von einem Vt bedient. Zwischen Bedienen des Hebels zur Schockvermeidung und "Arbeiter"- oder "Nutznießer-Status" bestand keine Abhängigkeit; unabhängig davon bildete sich auch die Dominanz in der Apparatur aus. Wie die Einzelprüfungen zeigten, wurden die ursprünglich von den beiden Vtt jeder Paarung eingebrachten Fähigkeiten während der Versuchsdurchführung nicht verlernt.

3.4. Ausgangssituation IV

Die Dominanz in der Apparatur war unabhängig von der eingebrachten Fähigkeit. "Arbeiter", "Nutznießer", "Einzelarbeiter" und "Mitarbeiter" entwickelten sich ohne Einfluß der Dominanz. Bezogen auf Plattformbesteigen und Bedienen des Zentralhebels zum Futterbeschaffen zeigte sich kein einheitliches Bild. Nicht alle Vtt bestiegen während der Begegnung mit dem Partner die Plattform. Unter diesen Tieren waren auch solche, die dies in der Einzelprüfung taten. Ob die Vtt A die Fähigkeit, sich Futter zu beschaffen vom Partner übernahmen oder ob sie sich die Fähigkeit f selbst antrainierten, ist aus den einzelnen Lernverläufen nicht zu ersehen.

3.5. Ausgangssituation V

Dominanz in der Apparatur und eingebrachte Fähigkeit waren unabhängig voneinander. "Mitarbeit" und "Einzelarbeit" herrschten vor. Von den ursprünglich dressurnaiven Vtt lernten 15 Tiere, die Plattform zu besteigen, 18 bedienten den Zentralhebel, um Futter zu erhalten bei laufendem und 21 bei ausgeschaltetem Elektroschockprogramm.

3.6. Ausgangssituation VI

"Arbeiter", "Nutznießer", "Einzelarbeiter" und"Mitarbeiter" entwickelten sich unabhängig von der Dominanz in der Apparatur. "Einzelarbeit" und "Mitarbeit" herrschte vor. Wie die Einzelprüfungen zeigten, behielten die Vtt die eingebrachte Fähigkeit bei.

3.7. Feinanalyse des Lernverlaufs während der Begegnungen

Die mit der Videokamera gefilmten Begegnungen der Partner in der Testkammer und Direktbeobachtung ermöglichten eine Feinanalyse des Lernverlaufs. Die dabei erzielten Ergebnisse lassen sich so zusammenfassen:
1. Die Übernahme der Arbeiterrolle ist vor allem abhängig von der Anzahl der Wirkreaktionen eines Versuchstieres und der erhaltenen Belohnung.

2. Nach einem Lernerfolg zeigen sich relativ stabile Folgen von Hebeldrücken.
3. Geeignete Strategien sind Voraussetzung für den Lernerfolg.
4. Die Verteilung der Hebeldruckraten ergibt sich aus einer optimalen Kosten-Nutzen-Relation und ist abhängig von der Motivation stabil.

3.8. Alleinlerner (Kontrolle, s. Tab. 1)

Der Lernerfolg der Vtt, die während der Begegnung mit einem Partner eine oder zwei Fähigkeiten erwerben konnten, war beim Abschluß der Versuche kaum geringer als der der Einzellerner. Die Kontrolltiere hatten die Fähigkeiten allein zu erlernen, die in den Ausgangssituationen I und II sowie den Ausgangssituationen IV und V (vgl. 2.3. Versuche) vom Partner eingebracht wurden. Lediglich bei der Vergleichssitzung zu der er-

sten Einzelprüfung zeigten die Alleinlerner tendentiell etwas
bessere Leistungen als die Ratten, die während der Begegnung
mit einem Partner Fähigkeiten erwerben konnten. Zwischen Dominanz in der Apparatur und Lernerfolg der gemeinsam gehaltenen
Alleinlerner bestand kein Zusammenhang.

4. Diskussion

ULRICH und CRAINE (1964) und DAVIS (1969) berichten, daß bei
der Kombination von naiven Ratten mit Könnern und beim Zusammen-
führen zweier Könner die Fähigkeit, den Strafreiz zu verhindern
weitgehend durch aggressive Verhaltensweisen ersetzt wurde.
Beobachtungen der ersten Begegnungen in den Ausgangssituatonen
I und II bestätigen dieses globale Ergebnis. Es war außerdem
bei den hier vorliegenden Untersuchungen zu beobachten, daß
aggressive Handlungen zunächst von den schockunerfahrenen Vtt
ausgingen, dann aber von den Tieren, die das "Schock-aus-Pro-
gramm" beherrschten, beantwortet wurden. Anders dagegen verhielten sich die Vtt in der Ausgangssituation III, in der die
Partner beide Fähigkeiten einbrachten; hier zeigte sich bei
den Beobachtungen, daß das Programm, wenn auch etwas schlechter
als bei den Einzelsitzungen, weiterhin durchgeführt wurde.
Im Verlauf des gemeinsamen Trainings setzten die Vtt die Fähigkeit, den Elektroschock zu verhindern i.allg. auch in den Ausgangssituationen I und II wieder ein. Von sozialen Trainingssituationen, in denen ein aversiver Stimulus durch Flucht vermieden werden kann, wird gesagt, daß nur geringe oder keine
Aggression auftritt, da es sich hier - im Gegensatz zur Schockverhinderung durch Hebeldrücken - um die adäquatere Reaktion
handelt (ANGERMEIER ET AL. 1959). In den Situationen IV, V und
VI lagen ähnliche Bedingungen vor; schockbedingte aggressive
Handlungen waren hier nicht zu beobachten. Es gab auch Vtt,
die die Plattform während des Trainings nicht bestiegen und
deshalb den Strafreiz erhielten; diese Tiere wurden aber zu
"Nutznießern" beim Futtererwerb.
Zwischen Dominanz in der Apparatur und eingebrachter Fähigkeit
bestand bei den"Plattformversuchen" (Ausgangssituationen IV
und V) keine Beziehung, wohl aber bei den Versuchen, in denen
der Strafreiz verhindert werden konnte (Fähigkeit s, Ausgangssituationen I und II). Bis auf jeweils drei Ausnahmen pro Ausgangssituation waren die Vtt, die die Fähigkeit s einbrachten,

dem anderen Partner beim 3. Dominanztest in der Apparatur überlegen. Während eines einstündigen Trainings erhielten die Vtt
selbst bei guten Leistungen der Könnerratte eine gewisse Anzahl von Elektroschocks, denen die Tiere nicht entgehen konnten. Nach RAPPAPORT und MAIER (1978) verringert unentrinnba-
rer Schock bei Ratten die Position in einer Dominanzhierarchie,
die in einer Nahrungskonkurrenzsituation ermittelt wurde. Dieses Ergebnis könnte auch hier zur Deutung der beobachteten Dominanzverhältnisse in den Ausgangssituationen I und II herangezogen werden, in denen im Verlauf der Versuchsdurchführung
die "Schock-aus-Beherrscher" dominant gegenüber den Vtt wurden,
die diese Fähigkeit nicht beherrschten. Zwar waren beide Partner gleichermaßen der Wirkung des Elektroschocks ausgesetzt,
doch konnte bei den schockunerfahrenen Vtt vermutet werden,
daß eine Verknüpfung zwischen dem Partner und dem aversiven
Stimulus vollzogen wurde. Die Bildung einer derartigen Assozia-
tion war bei den Könnerratten, die den Programmverlauf kannten,
weniger wahrscheinlich. Hinzu kam noch, daß einzelne "Schock-
aus-Beherrscher" die Elektroschockeinwirkung verminderten indem sie sich auf den Artgenossen stützten. Gewöhnung (i.S.
einer Desensibilisierung) an den Schock dürfte bei den Tieren,
die in einem mehrwöchigen Training das Schockvermeideprogramm
erlernten bevor sie mit dem Partner zusammen in die Testkammer
kamen, ebenfalls eine Rolle gespielt haben.
Selbst relativ geringe Schockstärken können bei unterschied-
lichsten Lernvorgängen (vgl. z.B. HORTER 1977) einen entschei-
denden Einfluß ausüben. Deshalb war zu vermuten, daß auch das
Verhalten der Ratten bei diesen Versuchen vom Elektroschock
stark beeinflußt wurde. Wenn nun, was bei einigen schockunerfahrenen Vtt (Typ B) zu beobachten war, die eingebrachte Fähigkeit in der Ausgangssituation I nicht eingesetzt wurde, so ist
das auf den Strafreiz zurückzuführen. Die schon erwähnten
aggressiven Aktionen führten dann weiterhin dazu, daß auch ei-
nige Vtt des Typs A zunächst den Hebel nicht bedienten, um
den Schock zu verhindern. Blieben die Vtt des Typs B auch weiterhin inaktiv, so trainierten sich die Vtt, die durch Hebeldruck den Elektroschock verhindern konnten, schließlich die
recht einfache Fähigkeit des Futtererwerbs selbst an und wurden dadurch zu "Arbeitern" und die Partner zu "Nutznießern".
Beschafften die Vtt des Typs B Futter noch bevor der Partner

sich selbst diese Fähigkeit antrainiert hatte, so wurden die
Vtt des Typs A zu "Nutznießern" und die Vtt, die den Hebel
bedienen konnten, um Futter zu erlangen, zu "Arbeitern".
Totale Inaktivität der Vtt des Typs B während der Begegnungen
führte zur Einzelarbeit bei den Tieren, die das Schockvermeideprogramm beherrschten. In der Ausgangssituation III (beide
Vtt beherrschten beide Fähigkeiten) war die erste Begegnung
für die Rollenverteilung beim Futtererwerb entscheidend:
Die Vtt, die den Zentralhebel, mit dem die Tiere sich Futter
verschafften, zum ersten Mal bedienten, erhielten i.allg. nicht
die Belohnung, wenn der Partner sich in der Nähe des Futter-
napfes aufhielt. Daraufhin erhöhten die Zentralhebelbediener,
ähnlich wie bei einem variablen Quotenverstärkungsplan, die
Hebeldruckraten. In dem Napf häuften sich so viele Futterpillen
an, daß die Partner sie nicht alle auf einmal aufnehmen konnten, und die Zentralhebelbediener wurden auch belohnt. Die
Grundlage für eine "Arbeiter-Nutznießer-Beziehung" war gelegt.
Unterstellt man dem Verlauf dieser Begegnungen eine gewisse
Zufälligkeit, so stützt das die Vermutung, daß das Verhalten
in solchen Lern- und Anwendungssituationen als das Produkt des
Zufalls der ersten Begegnung zu werten ist (vgl. HORTER 198o).
Zwischen Betätigen des Hebels zur Schockverhinderung (Fähigkeit s) und Dominanz in der Apparatur bestand in der Ausgangssituation III keine Beziehung. Daß der rechte Hebel zur Schockverhinderung im wesentlichen immer nur von einem Partner bedient wurde, liegt vor allem daran, daß die einzelnen Vtt
innerhalb der Apparatur bestimmte Positionen bevorzugten (vgl.
CUNNINGHAM und ROBERTS 1973), die sie an den einzelnen Trainingstagen weiterhin beibehielten. So wurde der Strafreiz am
häufigsten von dem Vt verhindert, dessen bevorzugte Position
"zufällig" in der Nähe des rechten Hebels war. Wurde der rechte
Hebel sehr spät in der Licht-aus-Phase des Programms oder gar
nicht betätigt, so war häufig zu beobachten, daß der zweite
Könner sich dem Hebel näherte. Eine leichte Konkurrenz (vgl.
DAVIS 1969) am Hebel war dann die Folge, die meist aber, falls
ein Hebeldruck erfolgte, zugunsten des Vt entschieden wurde,
das auch vorher den Hebel bedient hatte. LOGAN und BOICE (1968)
berichten, das das dominante Vt die unterlegene Ratte durch
eine drohende Haltung "aufforderte", eine schockvermeidende
Operation durchzuführen. Die Ergebnisse dieser Untersuchung

legen nahe, daß Annähern und Aufrichten nicht als Drohgeste
gegen den Partner, der zuvor den Hebel bedient hatte, zu werten waren. Vielmehr dürfte es sich um eine Art "Intentionsbe-
wegung" handeln, die Hebeldrücken andeutet, und dem rechten
Hebel galt.
Die Vielfalt der Ergebnistypen in den Ausgangssituationen IV,
V und VI läßt sich von der Aufgabe selbst her erklären. Verharr-
te ein Vt trotz des Strafreizes vor dem Futternapf, so wurde es
zum "Nutznießer". Bei den Paaren, die regelmäßig die Plattform
bestiegen, waren die verschiedensten Varianten möglich, da unabhängig davon welches Tier den Zentralhebel bediente, für beide Vtt nahezu gleich gute Möglichkeiten bestanden, die Belohnung zu erhalten. Das hatte zur Folge, daß eine größere Anzahl
gemeinsamer Trainingssituationen nötig war, bis sich eine Rollenverteilung herausgebildet hatte. Auch war die Rollenverteilung im Verlauf der Versuche etwas instabiler als bei den Ausgangssituationen I, II und III. Verschiebungen zwischen "Einzelarbeit" und "Mitarbeit" traten häufig auf, zumal bei diesen
Rollenverteilungen und bei dieser Aufgabenstellung die Grenzen
ohnehin recht fließend waren.
Die Ergebnisse der zur Kontrolle durchgeführten Versuche mit
Alleinlernern zeigten geringe Unterschiede zu denen, die in der
sozialen Anwendungssituation erzielt wurden. Von daher ist zu
vermuten, daß der Lernerfolg bei den Aufgabentypen dieser Untersuchung in geringerem Umfang von der Anwesenheit eines Artgenossen beeinflußt wurde als es bei früheren Untersuchungen
(HORTER 1980) der Fall war. Entscheidend dafür dürfte in den
Ausgangssituationen I und II der Einsatz des Elektroschocks
und der hohe Schwierigkeitsgrad der Aufgabe selbst gewesen
sein. In den Ausgangssituationen IV und V konnte der Strafreiz
durch Besteigen einer Plattform vermieden werden. Die Vtt erzielten schon bei den gemeinsamen Trainingssitzungen relativ
gute Ergebnisse, die im Einzeltraining nur unwesentlich besser
waren. Für die guten Lernergebnisse während des gemeinsamen
Trainings dürfte bei diesem Aufgabentyp entscheidend gewesen
sein, daß einem Strafreiz durch eine Fluchreaktion entgangen
werden konnte; dies ist nach ANGERMEIER ET AL. 1959 eine adäquatere Reaktion als das Hebeldrücken. Unterstellt man, daß
"adäquate Reaktionen" solche Verhaltensweisen sind, die denen
entsprechen, die in natürlichen Situationen gezeigt werden, so

müßten sie von dem Partner in sozialen Lernsituationen besonders schnell gelernt werden. Die Lernergebnisse der Ausgangssituationen IV und V belegen das.

Zusammenfassend läßt sich sagen, daß der Aufgabentyp als entscheidender Faktor dafür zu werten ist, ob sich die Partner als "Arbeiter", "Nutznießer", "Mitarbeiter" oder "Einzelarbeiter" bezogen auf den Futtererwerb verhielten. Die Fähigkeit der aktiven oder passiven Strafvermeidung wirkt sich unterschiedlich auf das Dominanzverhalten aus, und der Artgenosse hatte bei diesen Aufgabentypen weder einen fördernden noch einen hemmenden Einfluß beim Erwerb der einzelnen Fähigkeiten.

5. Zusammenfassung

- An männlichen BDE-Ratten wurde untersucht, ob eingebrachte Fähigkeiten soziale Verhaltensweisen in der Testkammer beeinflussen. Dabei wurde mit der Futtermotivation und der Motivation der Strafvermeidung gearbeitet.
- Den Untersuchungen lagen 6 Situationen zugrunde, die sich dadurch unterschieden, daß die Vtt unterschiedliche Fähigkeiten in der Testkammer anzuwenden hatten: Ausgangssituation I: Vt A beherrschte die Fähigkeit "Drücken des rechten Hebels, um den Elektroschock zu verhindern" (Fähigkeit s) und Vt B die Fähigkeit "Betätigen des Zentralhebels, um Futter zu erlangen" (Fähigkeit f). Ausgangssituation II: Vt A beherrschte die Fähigkeiten s und f; Vt B war dressurnaiv. Ausgangssituation III:Vt A und Vt B beherrschten beide die Fähigkeiten s und f. Ausgangssituation IV: Vt A konnte einen Elektroschock vermeiden, indem es eine Plattform bestieg (Fähigkeit pla). Vt B konnte durch Betätigen des Zentralhebels Futter beschaffen (Fähigkeit f). Ausgangssituation V: Vt A beherrschte die Fähigkeiten pla und f; Vt B war dressurnaiv. Ausgangssituation VI: Vt A und Vt B beherrschten beide die Fähigkeiten pla und f.
- Um den Einfluß des Partners auf den Lernerfolg zu prüfen, wurden Kontrollgruppen mit Vtt gebildet, die die entsprechenden Fähigkeiten allein erwerben konnten.
- Die Dominanzstruktur der Paare wurde in der Apparatur in 3 Futterkonkurrenzsituationen ermittelt.
- Beim ersten Dominanztest war in allen Ausgangssituationen keine Abhängigkeit zwischen beherrschter Fähigkeit und Domi-

nanzstatus feststellbar. Das traf auch für den letzten Dominanztest in den Ausgangssituationen IV und V zu, in denen die Vtt dem Schock durch Besteigen einer Plattform ausweichen konnten. Bei 27 von 30 Paaren waren in den Ausgangssituationen I und II beim letzten Dominanztest die Vtt dominant, die die Fähigkeit einbrachten, den Elektroschock durch Hebeldrükken zu verhindern.

- Die Ergebnisse bestätigen, daß der Aufgabentyp entscheidend bestimmt, ob sich die Partner als "Arbeiter", "Nutznießer", "Mitarbeiter" oder "Einzelarbeiter" bezogen auf den Futtererwerb verhielten. In der Ausgangssituation III (beide Vtt beherrschten die Fähigkeiten s und f), war die erste Begegnung entscheidend für die Rollenverteilung. In den Ausgangssituationen IV, V und VI entwickelten sich - bedingt durch die Aufgabenstellung - unterschiedliche Ergebnistypen.

- Die Alleinlerner zeigten keine besseren Ergebnisse als die Vtt, die eine oder 2 Fähigkeiten während der Begegnung mit einem Partner erwerben konnten. Zwischen der in der Apparatur ermittelten Dominanz und dem Lernerfolg der zusammen gehaltenen Alleinlerner, bestand kein Zusammenhang.

- Die Feinanalyse des Lernverlaufs ergab, daß "Arbeiter-Nutznießer-Beziehungen" abhängig sind, von den eingesetzten Strategien der Versuchstiere in der Lernsituation.

- Die Ergebnisse wurden unter besonderer Berücksichtigung der Rollenverteilung während der Begegnung der Partner in der Testkammer diskutiert. Im Mittelpunkt standen dabei folgende Gesichtspunkte: Auswirkung von Strafreizen in sozialen Lern- und Anwendungssituationen, Einflüsse der Dominanzstruktur und Bedeutung der eingebrachten Fähigkeiten.

6. Literaturverzeichnis

ANGERMEIER, W.F., L.T. SCHAUL, und W.T. JAMES (1959): Social conditioning in rats. - J.Comp. Physiol.Psychol. 52, 370 - 372.

BARON,A., und R.A. LITTMAN (1961): Studies of individual and paired interactional problem solving behaviour of rats: II. Solitary and social controls. Genet. Psychol. Monogr. 64, 129 - 209.

CHURCH, R.M. (1961): Effect of a competitive situation on the speed of response. J.Comp. Physiol. Psychol. 54, 162-166. CORSON, J.A. (1967): Observational learning of a Lever pressing response. Psychon. Sci. 4, 197-198. CUNNINGHAM, W.L., und A.E. ROBERTS (1973): Acquisition and maintenance of Sidman avoidance with paired rat subjects. Anim. Learn. Behav. 1, 44 - 48.

DAVIS, H. (1969): Social interaction and Sidman avoidance performance. Psychol. Rec. 19, 433-442.

GILBERT, R., und J. BEATON (1967): Imitation and cooperation by hooded rats: a preliminary analysis. Psychon.Sci. 8, 43-44.

HORTER, M. (1977): Der Anwendungszeitraum als lernbare Größe. Z. Tierpsychol. 45, 256-287. HORTER, M. (1980): Anwenden erlernter Fähigkeiten während einer Begegnung mit einem Partner. Versuche mit Ratten. Z. Tierpsychol. 53, 79-95.

JACOBY, K.E., und M.E. DAWSON (1969): Observation and shaping learning: A comparison using Long Evans rats. Psychon. Sci. 16, 257-258.

LESCRENIER, M.C., und H. WIJFFELS (1969): Effet d'observation effet d'audience et facilitation sociale chez le rat (Rattus norvegicus) dans une situation d'apprentissage instrumental. J.Psychol.norm.pathol. 66, 205-227. LITTMAN, R.A., und L.M. LANSKI, und R.J. RHINE (1955): Studies of individual and paired interactional problem solving of rats (Mus norvegicus albinus). Behaviour 7, 188-206. LOGAN, F.A., und R. BOICE (1968): Aggressive behaviors of paired rodents in an avoidance context. Behaviour 34, 161-183.

MASUR, L. (1978): Sex and the worker-parasite between rats. Behav.Biol. 24, 284-289. MOWRER, O.H. (1940): Animal studies in the genesis of personality. Trans. N.Y.Acad.Sci. 3, 8-11.

OLDFIELD-BOX, H. (1969): Individual performance in two experimental social organisations of rats. Anim. Behav. 17, 534-536.

POWELL, R.W., D. SAUNDERS, und W. THOMPSON (1968): Shaping auto-shaping and observational learning with rats. Psychon.Sci. 13, 167-168. POWELL, R.W. (1968): Observational learning versus shaping: a replication. Psychon.Sci. 10, 263-264.

RAPPAPORT, P.M., und S.F. MAIER (1978): Inescapable shock and food competition dominance in rats. Anim.Learn.Behav. 6(2), 160-165.

ULRICH, R.E., und W.H. CRAINE (1964): Behavior: persistance of shock-induced aggression. Science 143, 971-973.

WEBER, E. (1972): Grundriß der biologischen Statistik. Gustav Fischer, Stuttgart. WILL, B., B. PALLAUD, M. SOCZKA, und S.MANIKOWSKI (1974): Imitation of Lever-pressing "strategies" durcing the operant conditioning of Albino rats. Anim. Behav. 22, 664-671.

ZENTALL, T.R., und J.M. LEVINE (1972): Observational learning and social facilitation in the rat. Science 178, 1220-1221.

GPSR Compliance
The European Union's (EU) General Product Safety Regulation (GPSR) is a set
of rules that requires consumer products to be safe and our obligations to
ensure this.

If you have any concerns about our products, you can contact us on

ProductSafety@springernature.com

In case Publisher is established outside the EU, the EU authorized
representative is:

Springer Nature Customer Service Center GmbH
Europaplatz 3
69115 Heidelberg, Germany